水肥一体化技术图解系列丛书

葡萄水肥一体化技术图解

胡克纬　张承林　编著

中国农业出版社

图书在版编目（CIP）数据

葡萄水肥一体化技术图解 / 胡克纬，张承林编著
.—北京：中国农业出版社，2015.5（2018.3重印）
（水肥一体化技术图解系列丛书）
ISBN 978-7-109-20331-0

Ⅰ. ①葡… Ⅱ. ①胡… ②张… Ⅲ. ①葡萄栽培－肥水管理－图解 Ⅳ.①S663.1-64

中国版本图书馆CIP数据核字（2015）第063963号

中国农业出版社出版
（北京市朝阳区麦子店街18号楼）
（邮政编码 100125）
责任编辑 魏兆猛

中国农业出版社印刷厂印刷 新华书店北京发行所发行
2015年5月第1版 2018年3月北京第4次印刷

开本：787mm × 1092mm 1/24 印张：$2\frac{2}{3}$
字数：50千字
定价：12.00元

前 言

FOREWORD

葡萄在我国种植面积已超过800万亩*，分布于全国各地。我国葡萄的种植技术正朝着机械化、标准化、简约化发展。葡萄是多次施肥和频繁灌溉的作物，水肥管理与品质有密切关系。目前，在葡萄生产中存在劳动力短缺、劳动力价格逐年上升，施肥成本不断增加，过量施肥，不平衡施肥，土壤盐害、酸害、板结和根系微生态环境变差等问题。在一些葡萄种植区，每亩肥料投入超过5 000元；一些果园由于水分管理不到位，导致大量的裂果。随着葡萄种植面积的扩大，市场竞争加剧，农户迫切需要先进的技术来提高产量和品质。施肥和灌溉是两项重要的田间作业，如何做到合理和科学，广大农户急需理论和技术的指导。特别是简单易懂、图文并茂的科普读本，更受果农欢

* 亩为非法定计量单位，1亩=1/15公顷，下同。——编者注

迎。本书采用图文并茂的形式，向读者介绍了葡萄种植中常用的水肥一体化技术模式以及肥水管理方案。

本书是作者多年研发推广水肥一体化技术的理论和实践经验的总结。由于受篇幅所限，只能概括性地介绍有关理论、设备、肥料和管理措施。由于各地的气候、土壤、品种、上市时间存在差异，读者在阅读本书时一定要结合当地实际情况做相应调整。特别是具体的施肥方案，各地土壤、肥料品种存在差异，更难给出统一的实际应用方案。

本画册由胡克纬、张承林负责编写。书中插图由林秀娟绘制。在编写过程中得到华南农业大学作物营养与施肥研究室李中华、涂攀峰、邓兰生、徐焕斌、萧文耀、钟仁海等同事的大力帮助，在此表示衷心感谢。

目 录
CONTENTS

前言

水肥一体化技术的基本原理 …… 1

葡萄生产的主要灌溉形式 …… 5

滴灌 …… 6
喷水带灌溉 …… 13
浇灌（拖管淋灌） …… 16

葡萄水肥一体化下的施肥模式 …… 17

加压拖管淋灌法 …… 18
重力自压式施肥法 …… 20
泵吸肥法 …… 23
泵注肥法 …… 26
比例施肥器法 …… 28

水肥一体化技术下葡萄施肥方案的制定 …… 31

葡萄生长过程 …… 34
葡萄水分管理 …… 35
葡萄养分管理 …… 37
葡萄水肥一体化技术下的肥料选择 …… 39
葡萄水肥一体化施肥方案的制定 …… 43

葡萄水肥一体化技术下的自动化管理问题 …… 49

水肥一体化技术下葡萄施肥应注意的问题 …… 50

系统堵塞问题 …… 51
盐害问题 …… 52
过量灌溉问题 …… 53
养分平衡问题 …… 54
灌溉及施肥均匀度问题 …… 55
雨季养分管理问题 …… 56

结束语 …… 57

水肥一体化技术的基本原理

葡萄要正常生长需要五个基本要素：光照、温度、空气、水分和养分。空气指大气中的二氧化碳和土壤中的氧气。在田间情况下，光照、温度、空气是难以人为控制的，只有水分和肥料两个生长要素是可以人为控制的，这就是合理的灌溉和施肥。

大量元素：氮、磷、钾。
中量元素：钙、镁、硫。
微量元素：铁、硼、铜、锰、
　　　　　钼、锌、氯、镍。
有益元素：硅、钠、钴、硒。

我的葡萄树龄有六、七年了，施了很多肥，水分也充足，怎么长不好呢？

告诉你种葡萄的关键措施：合理的灌溉和施肥是高产优质的基础。你的灌溉和施肥是合理的吗？
那，怎样才能做到呢？
应用好水肥一体化技术是实现葡萄高产优质的重要技术措施。

葡萄有两张嘴，大嘴叫根系，小嘴叫叶片。当然啰，主要的吃喝还是靠大嘴巴来完成的。叶片喷的肥只能是补充。

根系主要吸收离子态养分，肥料只有溶解于水后才变成离子态养分。所以水分是决定根系能否吸收到养分的决定性因素。没有水的参与，根系就吸收不到养分。肥料必须要溶解于水后根系才能吸收，不溶解的肥料是无效的。肥料一定要施到根系所在范围，常规的撒施肥料大部分肥料没有被吸收，白白浪费。

水肥一体化技术满足了“肥料要溶解后根系才能吸收”的基本要求。在实际操作时，将肥料溶解在灌溉水中，由灌溉管道输送到田间的每一株葡萄的根区，葡萄在吸收水分的同时吸收养分，即灌溉和施肥同步进行。

水肥一体化有广义和狭义的理解。广义的水肥一体化就是灌溉与施肥同步进行，狭义的水肥一体化就是通过灌溉管道施肥。

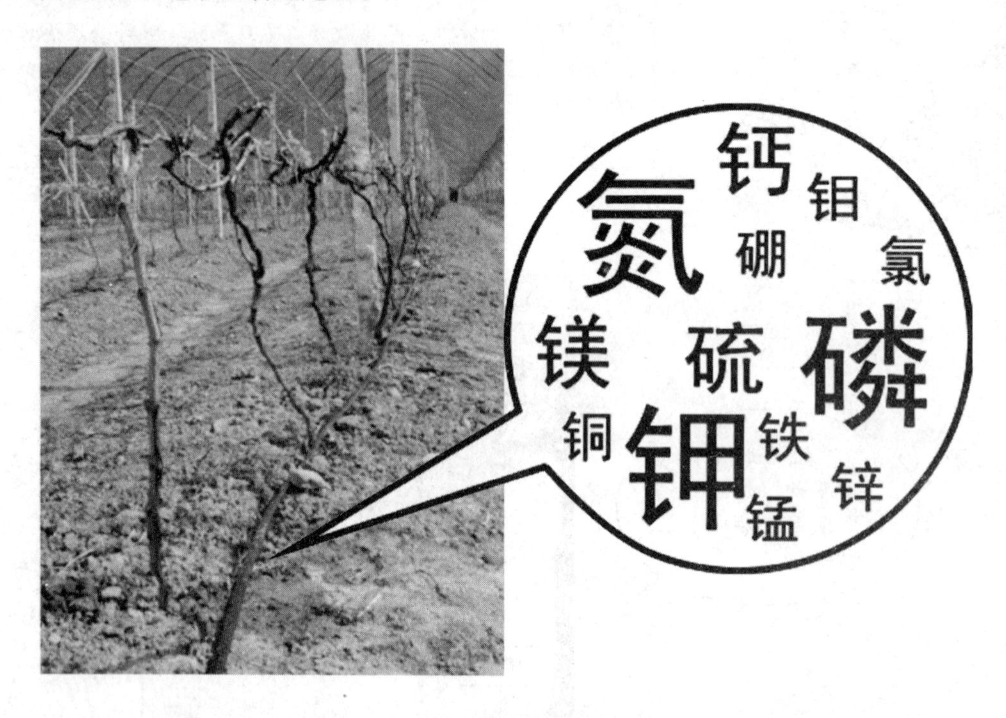

根在哪里，水肥就供应到哪里。你施肥灌水时考虑了吗？

葡萄生产的主要灌溉形式

滴灌

滴灌是指具有一定压力的灌溉水，通过滴灌管输送到田间每株葡萄，管中的水流通过滴头出来后变成水滴，连续不断的水滴对根区土壤进行灌溉。如果灌溉水中加了肥料，则滴灌的同时也在施肥。

注意啦：滴灌是一种局部灌溉方法，它浇的是作物，而不是土壤。施肥是对根区施肥，而不是对土壤施肥。由于根系都是跟着水肥跑的，所以滴灌条件下根系大部分密集生长在滴头下方，其他地方很少根。记住啊，要关注的是根系的数量而不是根系的分布范围。滴灌是通过延长灌溉时间达到计划灌溉量的。用滴灌可以完全满足葡萄的水肥供应。

滴灌的优点

1. 节水：水分利用效率高，滴灌用水量只有喷水带灌溉用水量的1/4～1/3。
2. 节工：可以节省80%以上用于灌溉和施肥的人工，大幅度降低劳动强度。
3. 节肥：肥料利用率高，比常规施肥节省30%～60%的肥料。
4. 节药：作物长势好，农药用量减少；部分湿润土壤，杂草少，除草剂使用减少。
5. 高效快速，可以在极短的时间内完成灌溉和施肥工作，让葡萄抽梢、开花、成熟时间集中。可以精确实现水肥调控。
6. 对地形的适应强，平地、山坡地均可栽植葡萄。
7. 滴灌只湿润根区土壤，减少葡萄冠幅下的相对湿度，降低发病率。
8. 采用膜下滴灌，可以在轻度盐碱土壤上种植葡萄。
9. 有利于实现标准化、集约化栽培。

滴灌施肥是葡萄最佳的灌溉和施肥模式，在世界各国葡萄产区已得到大面积推广。

滴灌管、滴灌带

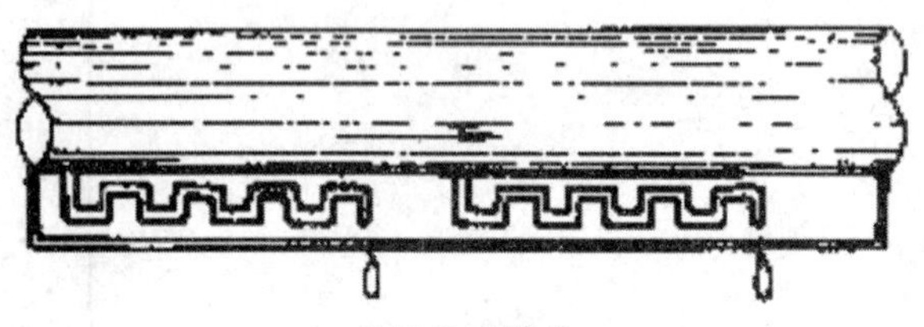

边缝式滴灌带

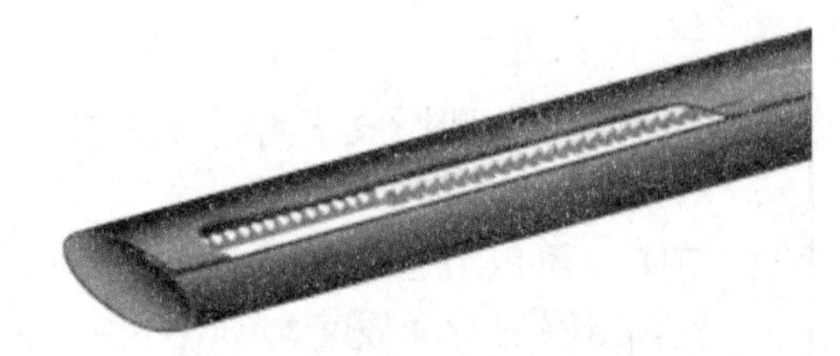

连续贴片式滴灌带

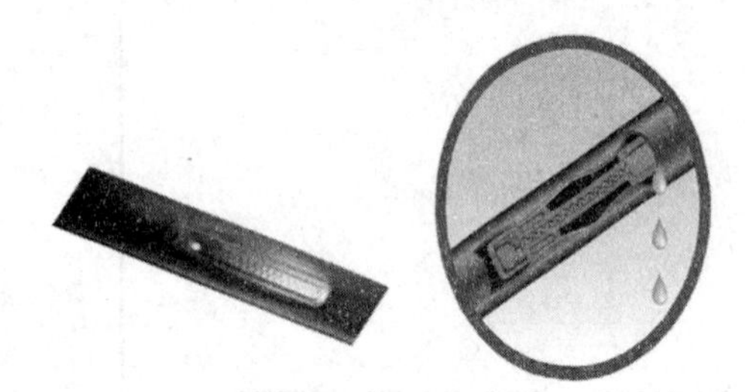

内镶贴片式
滴灌管、滴灌带

内镶柱状滴灌管

通常壁厚<6毫米的滴灌管道称为滴灌带，>6毫米的称为滴灌管。滴灌有普通滴灌和压力补偿滴灌之分。普通滴灌管（带）会随压力变化而流量也变化，一般用于平地压力变化小的葡萄园。压力补偿滴灌指一定的压力范围内滴头流量是稳定的。山地葡萄园由于高差的原因，不同位置压力变化大，必须要选择压力补偿滴灌，可以保证不同位置灌溉和施肥均匀。当然啰，压力补偿滴灌价格比普通滴灌高。通常一行葡萄铺设一条滴灌管，沙土滴头间距30～40厘米，流量2～3升/小时。壤土至黏土滴头间距50～70厘米，流量1～2升/小时。一些葡萄园将滴灌管固定在主蔓上约1米高处，主要是方便除草等田间作业。一些果园选用两条滴灌管，种植行左右各铺设一条管。为防止杂草生长、春季保温和降低夏季果园的湿度，葡萄膜下滴灌也在推广。

典型的山地葡萄园，用压力补偿滴灌。

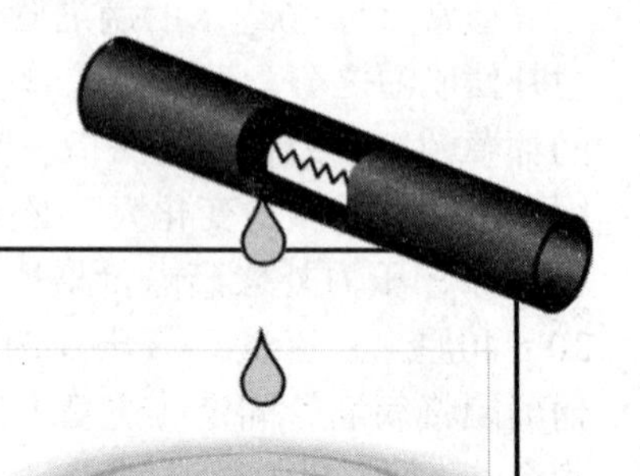

滴灌的不足

1. 如果管理不好，滴头容易堵塞。
2. 在干旱少雨地区可能会引起地表盐分的积累。
3. 一次性的设备投资较大。
4. 滴灌一般以固定面积的轮灌区操作，对不规整的地块安装不便。
5. 要求施用的肥料杂质少，溶解快。

特别提醒

过滤器是滴灌成败的关键设备。一般用120目过滤器。对于山地葡萄园，一定要采用压力补偿滴灌，这样可以保证山顶、山腰、山脚出水均匀，以满足每株葡萄对水肥的需求。

滴灌是葡萄的最佳灌溉模式，养分和水分利用效率最高，还可以调节产期，好处很多。现在新疆、云南、河北、宁夏、广西等省（自治区）的葡萄产区都在大面积应用滴灌施肥技术，效果不错呢。

滴灌施肥就像母亲给婴儿喂奶。水分养分同时供应，少量多餐，养分平衡。以前给葡萄施肥是多量少次，葡萄就像乞丐一样，饱一顿，饿一顿，葡萄当然长不好了。很多追肥还撒在地面，没有进入土壤根系层，浪费很多。现在有滴灌，施肥灌溉都可以调控，可以根据葡萄的需水需肥规律制定标准的施肥和灌溉方案，葡萄吃饱喝足，营养平衡，当然长得健康啦。

记住啊，葡萄就像个婴儿，需要悉心照料。

每次喂它，要记得水肥一起喂啊。撒干肥是落后的施肥方法，存在流失、烧根、利用效率低等一系列问题。

喂养婴儿是实行少量多餐的，所以对葡萄也应少量多餐。葡萄的根系在适宜温度下是一直在吸收养分和水分的，频繁施肥和灌溉才能满足对水肥的需要。滴灌就能做到这点。

喷水带灌溉

喷水带

喷水带也称水带或微喷带，是在PE软管上直接开0.5 ~ 1.0毫米的微孔出水，无需再单独安装出水器，在一定压力下，灌溉水从孔口喷出，高度几十厘米至1米。在葡萄生产中，喷水带是一种非常方便的灌溉方式。应尽量选择小流量喷水带，喷水孔朝上安装，铺设长度不超过50米。一定要与覆膜一起使用。膜下水带其实就相当于大流量的滴灌。不覆膜的喷水带可能会带来严重的病害。

膜下喷水带是葡萄可以选择的灌溉方法。

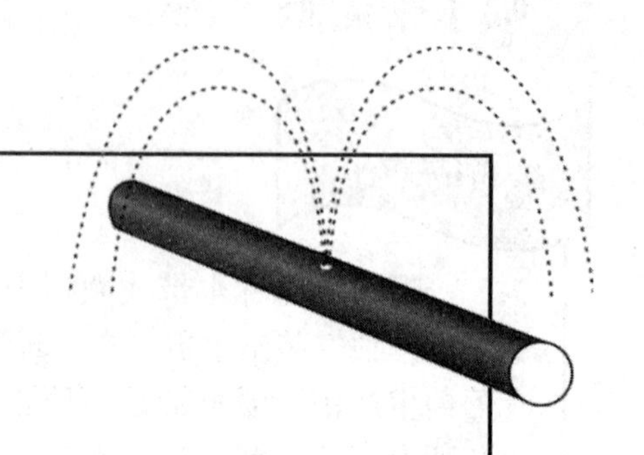

喷水带灌溉的优点

1. 适应范围广。
2. 能滴能喷（覆膜后就成为大流量的滴灌）。
3. 抗堵塞性能好（对水质和肥料的要求低）。
4. 一次性设备投资相对较少 。
5. 安装简单，使用方便（用户可以自己安装），维护费用低。
6. 对质地较轻的土壤（如沙壤土）可以少量多次快速补水肥（结合覆膜效果好）。

喷水带灌溉的不足

1. 在葡萄生长前期，很容易滋生杂草，同时存在水肥浪费问题。
2. 在高温季节，容易形成高湿环境，加速病害的发生和传播。
3. 喷水带灌溉的均匀性受铺设长度和地形的影响明显，容易导致灌水不均匀。一般只在平地葡萄园应用。
4. 喷水带的管壁比较薄，容易受水压、机械和生物咬噬等影响导致破损。
5. 喷水带一般不设轮灌区，需逐条开关，增加了操作成本。

在葡萄上应用喷水带，一定要结合覆膜。如果这样做了，可以将滴灌和覆膜的优势同时发挥。如果单独用，喷水带则是落后的灌溉方法。

浇灌（拖管淋灌）

一般借助水泵对灌溉水加压，或者在山顶修建水池，借助重力自压，进行拖管淋灌。浇灌方式工作效率低，灌溉量和施肥量的多少完全取决于操作者的人为判断，灌溉和施肥的均匀度无保障，无法实现自动化，只适用于小面积种植。

葡萄水肥一体化下的施肥模式

通过灌溉管道施肥，有多种方法。经常用的有加压拖管淋灌法、重力自压式施肥法、泵吸肥法、泵注肥法、比例施肥器法等。下面详细介绍给大家。

施肥要选用合适的施肥设备，要求浓度均一、施肥速度可控、工作效率高、可以自动化。

加压拖管淋灌法

加压拖管淋灌法

在没有覆膜栽培的小面积地块，在有蓄水池的情况下，可采用加压拖管淋灌法进行灌溉和施肥。动力来自蓄电池或者小功率汽油发电机。可以用直流潜水泵或者汽油机泵。原理见下面示意图。该方法主要针对没有电力供应的地方。

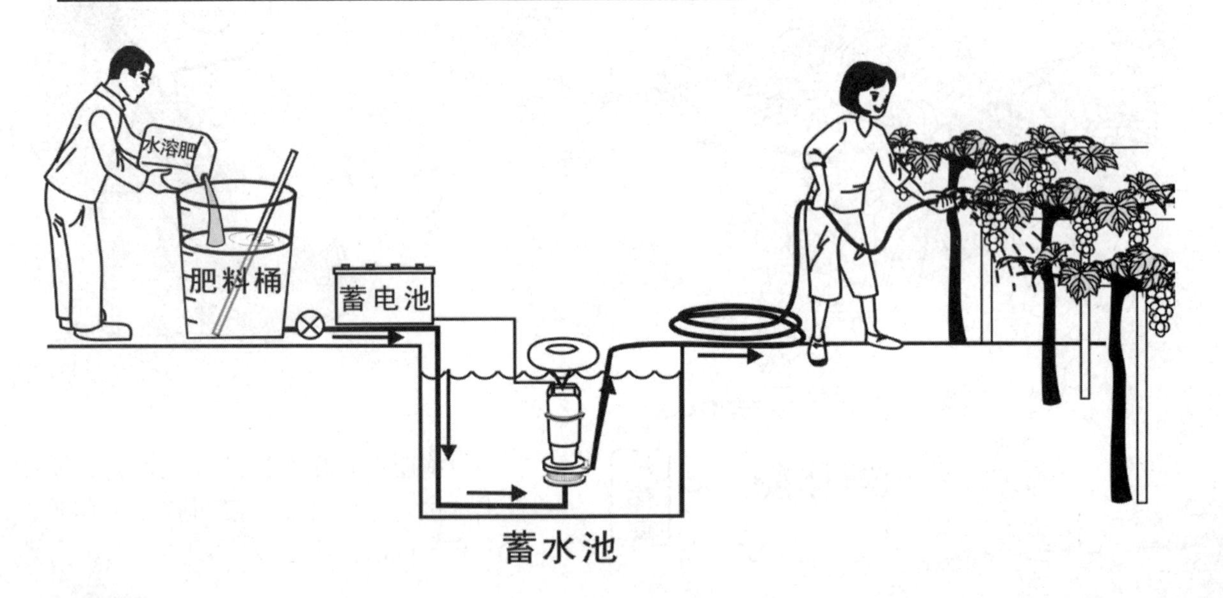

潜水泵的功率一般在60～370瓦，流量在1.0～6.0米^{3}/小时，扬程在4～8米，淋水管外径16～25毫米，电压为24伏直流或220伏交流电。也可以用小型的汽油机水泵。

小型汽油机水泵

蓄电池加压

重力自压式施肥法

重力自压式施肥法

在应用重力灌溉的场合，常采用重力自压式施肥法。通常在水池旁边高于水池水面处建立一个敞口式混肥池，池大小在0.5～5.0米^3，池底安装肥液流出的管道，此管道与蓄水池的出水管连接。

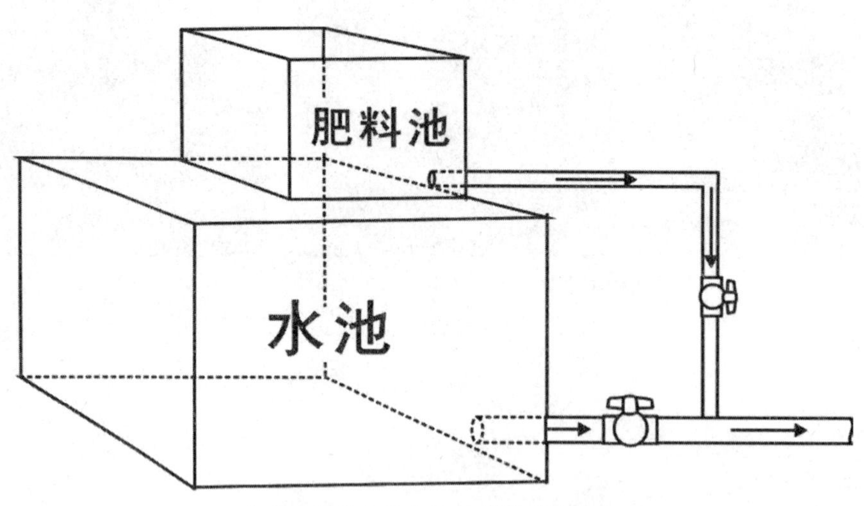

主要应用于丘陵山地的葡萄灌溉施肥

施肥时，先计算好每个轮灌区需要的肥料总量，倒入混肥池，加水溶解。打开蓄水池的出水阀，让田间管道充满水，再打开肥池阀门，肥液即被主管道的水流稀释带入灌溉系统。施肥速度和浓度可以通过调节开关位置实现。

如采用滴灌，应用重力自压式灌溉施肥时，一定要将混肥池和蓄水池分开，二者不可混用，否则会生长藻类、红萍等，会严重堵塞过滤系统。如采用拖管淋灌，则水池和肥池可以共用。

重力自压施肥法的优点

1. 设备和维护成本低。
2. 操作简单方便。
3. 不需要外加动力就可以施肥。
4. 可以施用固体肥料或液体肥料。
5. 施肥浓度均匀，施肥速度可以人为控制。

重力自压施肥法的不足

1. 肥料要运送到山顶蓄水池高处。
2. 不适合应用于自动化控制系统。

泵吸肥法

泵吸肥法

泵吸肥法是在首部系统旁边建一混肥池或放一施肥桶，肥池或施肥桶底部安装肥液流出的管道，此管道与首部系统水泵前的主管道连接，利用水泵直接将肥料溶液吸入灌溉系统。

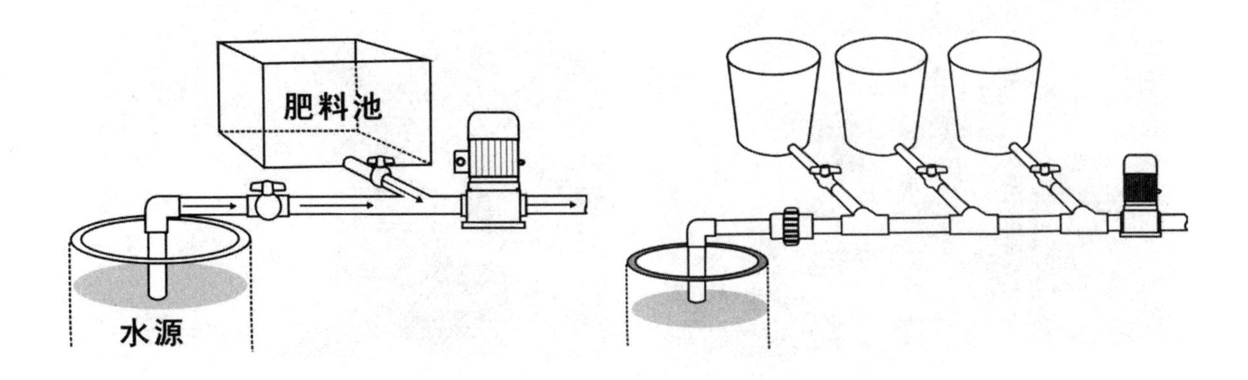

主要应用在用水泵对地面水源（蓄水池、鱼塘、渠道、河流等）进行加压的灌溉系统施肥，这是目前大力推广的施肥模式。如应用潜水泵加压，当潜水泵位置不深的情况下，也可以将肥料管出口固定在潜水泵进水口处，实现泵吸水施肥。

施肥时，先根据轮灌区面积的大小或葡萄株数计算施肥量，将肥料倒入混肥池。开动水泵，放水溶解肥料，同时让田间管道充满水。打开肥池出肥口的开关，肥液被吸入主管道，随即被输送到田间葡萄根部。

施肥速度和浓度可以通过调节肥池或施肥桶出肥口球阀的开关位置实现。

泵吸肥法的优点

1. 设备和维护成本低。
2. 操作简单方便。
3. 不需要外加动力就可以施肥。
4. 可以施用固体肥料和液体肥料。
5. 施肥浓度均匀，施肥速度可以控制。
6. 当放置多个施肥桶时，可以多种肥料同时施用（如磷酸一铵、硫酸镁、硝酸铵钙等）。

泵吸肥法的不足

1. 不适合于自动化控制系统。
2. 不适合用在潜水泵放置很深的灌溉系统。

泵注肥法

泵注肥法

泵注肥法是利用加压泵将肥料溶液注入有压管道而随灌溉水输送到田间的施肥方法。

通常注肥泵产生的压力必须要大于输水管内的水压，否则肥料注不进去。

对于用深井泵或潜水泵加压的系统，泵注肥法是实现灌溉施肥结合的最佳选择。

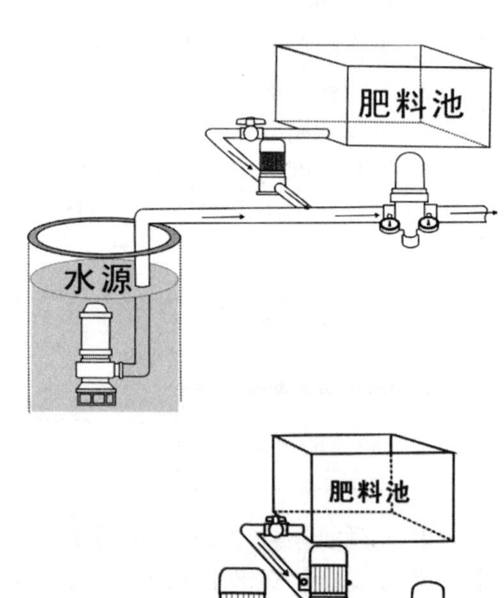

泵注肥法的优点

1. 设备和维护成本低。
2. 操作简单方便，施肥效率高。
3. 适于在井灌区及有压水源使用。
4. 可以施用固体肥料和液体肥料。
5. 施肥浓度均匀，施肥速度可以控制。
6. 对施肥泵进行定时控制，可以实现简单自动化。

泵注肥法的不足

1. 在灌溉系统以外要单独配置施肥泵。
2. 如经常施肥，要选用化工泵。

比例施肥器法

比例施肥器

比例施肥器是一种精确施肥设备，由施肥器将肥液从敞开的肥料罐（桶）吸入灌溉系统。动力可以是水力、电力、内燃机等。目前常用的类型有膜式泵、柱塞泵、施肥机等。由于价格昂贵，在葡萄上少有应用。

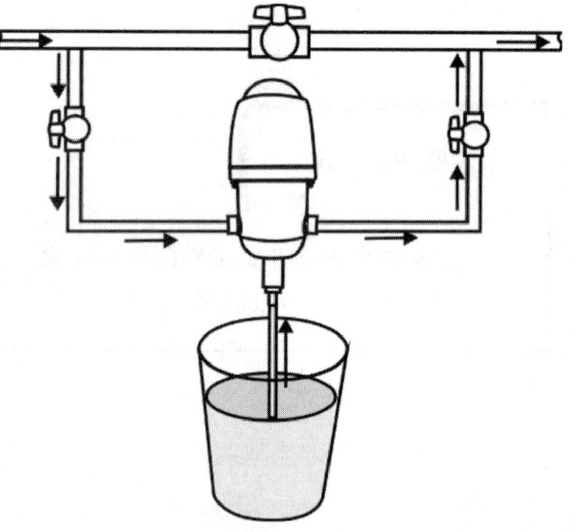

比例施肥器法的优点

1. 没有水头损失，不受水压变化的影响。
2. 可以使用固体肥料和液体肥料按比例施肥，施肥速度和浓度均匀，施肥浓度容易控制。
3. 适合于自动化控制系统。

比例施肥器法的不足

1. 设备昂贵。
2. 装置复杂，维护费用高。
3. 操作复杂。

为了加快肥料的溶解，建议在肥料池内安装搅拌设备。一般搅拌桨要用304或304L不锈钢制造，减速机根据池的大小选择，一般功率在1.5 ~ 3.5千瓦，转速每分钟约60转。

水肥一体化技术下葡萄施肥方案的制定

有了灌溉设施后，接下来最核心的工作就是制定施肥方案。只有制定合理可行的施肥方案，才能实现真正意义上的水肥综合管理。

制定葡萄施肥方案必须清楚葡萄生长周期内所需的施肥量、肥料种类、肥料的施用时期等。而这些参数的确定又和葡萄的生长特性、水肥需求规律等密切相关。

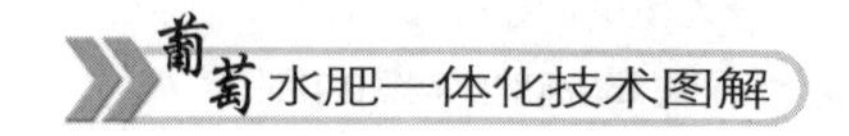

采果后保护叶片

葡萄在采果后到落叶前根系继续吸收营养，叶片制造光合产物，要注意保叶。采收前，叶片中的营养主要是输送到果实，但采收后，叶片继续进行光合作用，并且此时的光合产物会积累在叶片、树干和根系。落叶前，叶片中的营养都会转移到枝条和根部。这些储存的养分就是来年春梢萌发的营养基础。采果后的保叶是非常关键的措施，直接关系到来年枝梢的健壮程度。

要想保住采后的叶片，营养管理上做好以下措施：

1. 前期营养要均衡，不要出现营养失调导致叶片早衰。很多果农，由于偏施氮肥，导致叶片肥厚、早衰。有的没有补充中微量元素，导致叶片缺镁、缺铁。
2. 采果后一定要追施1～2次肥，以速效的氮、钾平衡肥为主，确保叶片不早衰。
3. 在葡萄生长阶段，多次喷施氨基酸、黄腐殖酸类叶面肥对叶片保绿有明显的效果。

萌芽促根

为了使葡萄早发新根，快发新根，管理上常用的办法是用好萌芽肥、促根肥。萌芽促根肥的使用有几点注意事项：

1. 要早用，一般在萌芽后7～10天就可以用，此时根系已经萌动，可以吸收养分和水分。
2. 萌芽促根肥的种类要选择好，由于前期温度低，根系活力较差，所以氮肥要以硝态氮和铵态氮为主，不施或少用尿素。
3. 萌芽促根肥要注重平衡营养，磷是很重要的养分。同时要注重补充有机营养，特别是小分子的腐殖酸、氨基酸和海藻酸有利于根系的萌发。
4. 肥料要对水施用，并且要合理地控制浓度，对于市面上氮、磷、钾含量在30%以上、有机质在10%左右的商品萌芽促根肥，建议对水浓度控制在100～200倍，亩用量控制在每次7～10千克。

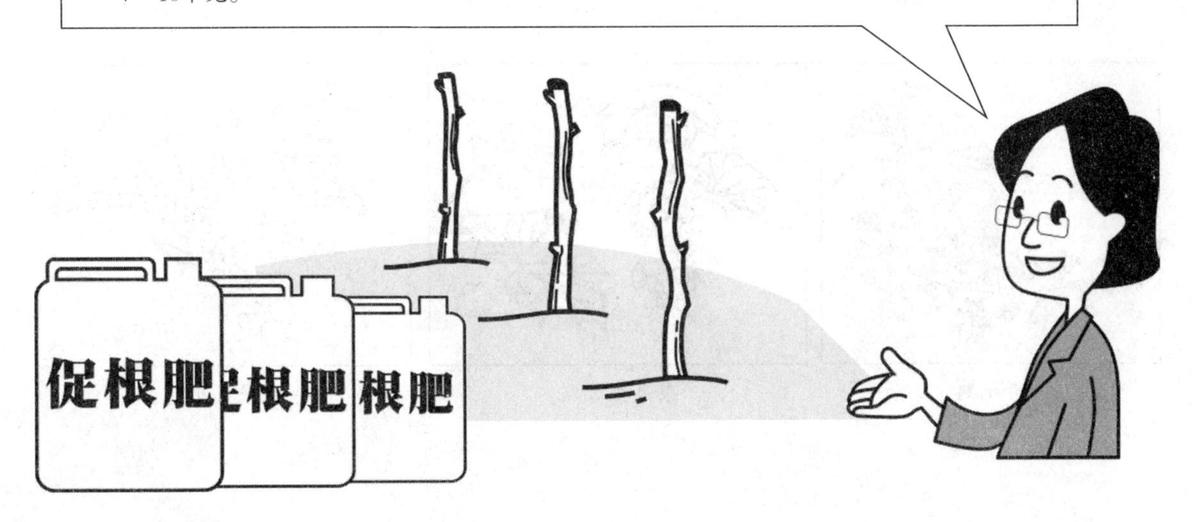

葡萄生长过程

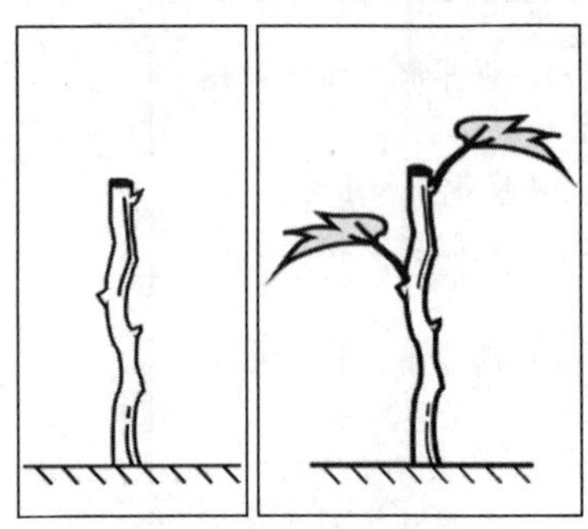

伤流期　　萌芽期

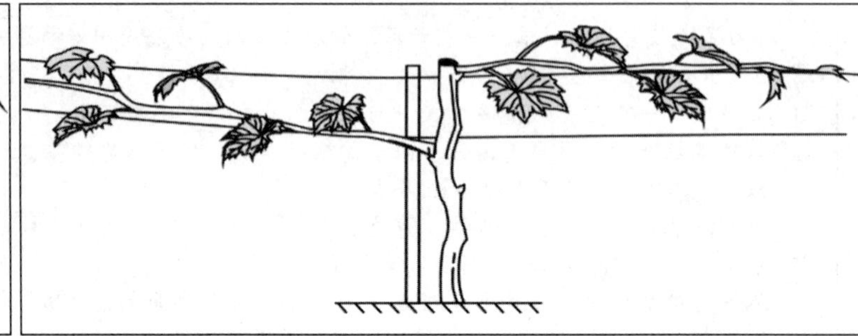

新梢生长期

开花期

浆果生长期

浆果成熟期

葡萄水分管理

在整个生长季节使根层土壤保持湿润就可满足水分需要。灌溉水量一般要依据葡萄的不同生育时期以及天气情况来确定。一般每亩每次灌水10米^{3}左右即可，在开花期要少，生长旺盛期及幼果膨大期要多，高温干旱时灌水要多。如何判断土壤水分是否适宜？

记住啊

用小铲挖开根层的土壤，抓些土用手捏，能捏成团轻抛不散开表明水分适宜。捏不成团散开表明土壤干燥。这种办法适用于沙壤土。

对壤土或黏壤土，抓些土用巴掌搓，能搓成条表明水分适宜，搓不成条散开表明干旱，黏手表明水分过多。

张力计可用于监测土壤水分状况并指导灌溉，是国外目前在田间应用较广泛的水分监测设备。

葡萄是深根系果树，肉质根发达，一般分布在0～80厘米的土层。在葡萄萌芽期至落叶前保持20～80厘米的土层处于湿润状态。通常滴灌要持续3～4个小时，膜下喷水带要持续15～20分钟。通常可埋设两支张力计来监测土壤水分状况，一支埋深20厘米，一支埋深60厘米。当20厘米的张力计读数达-15千帕时开始滴灌，滴到60厘米张力计读数回零为止。另外一种简单的办法是用螺杆式土钻在滴头下方取土，通过指测法了解不同深度的水分状况，从而确定灌溉的时间。

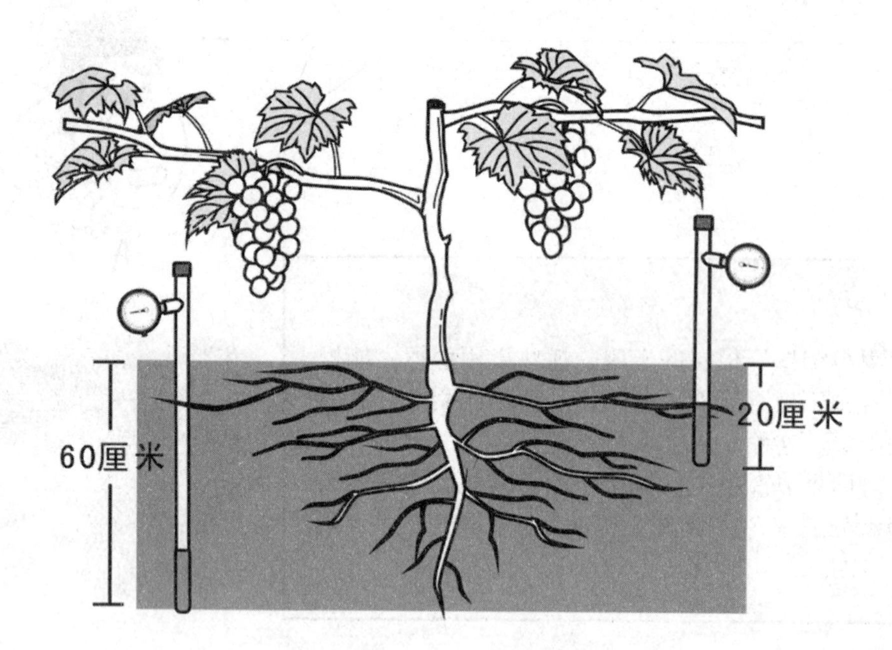

葡萄养分管理

葡萄栽培中不仅要重视氮、磷、钾三要素的补充，更要重视中微量元素的补充，尤其是钙、镁中量元素和硼、锌、铁、锰等微量元素的补充。在实际生产中很多葡萄园由于大量使用钾肥导致诱导性缺镁现象。

葡萄施肥一定要考虑养分的全面和均衡，同时还要考虑葡萄不同的生长时期对养分的需求特征，比如前期重点需要氮，后期重点需要钾，整个生长期都要有一定量磷的供应，镁肥和钙肥最好在花期或者是幼果期使用，微量元素要在生长期多次喷施。

肥料的分配要根据葡萄不同的生育时期养分特点确定。总体的规律是养分的吸收量与生长量基本同步。

通常生产1吨葡萄浆果要带走N 6.5千克，P_2O_5 2.0千克，K_2O 9.0千克。以2吨目标产量计算，每亩需施N 12千克，P_2O_5 4千克，K_2O 18千克。从萌芽、开花至幼果期约占全年需氮量的60%，果实发育至落叶前约占40%。磷的吸收在新梢生长期及果实发育期最多。钾的吸收高峰主要在果实发育期至着色期。考虑20%的肥料作基肥，80%的肥料作追肥，基肥用腐熟的禽畜粪便、沤腐后的豆饼、花生麸等，每亩用量0.5吨左右。其他可作基肥用的肥料为过磷酸钙（每亩50千克）、磷酸二铵（每亩10千克）、农用硫酸钾（每亩10千克）。追肥用尿素、硝酸钾、氯化钾、工业级磷酸一铵或水溶性复合肥（液体或固体）。

南方葡萄园普遍缺镁，还要每亩追施15千克硫酸镁。如选用水溶性复合肥，前期选用高氮、中磷、低钾的配方，中后期选用中氮、低磷、高钾的配方。一般每亩施用水溶性复合肥50千克左右，分10次施入。具体施肥时间为：萌芽期、花期、坐果初期、坐果初期10天后、坐果初期20天后、坐果初期30天后、浆果迅速膨大期、膨大期后10天、膨大期后20天、浆果着色期（间隔10或20天是大致时间，可以提前或推迟几天）。每次施肥量3～6千克。前期和后期少，中期多。

葡萄水肥一体化技术下的肥料选择

水肥一体化技术对肥料的基本要求

要求肥料的质量不能影响灌溉系统正常工作。有些肥料杂质太多，会快速堵塞过滤器，特别在手动清洗的情况下，要停泵清洗过滤器。如果清洗过于频繁，就影响了灌溉系统的正常运行。

用于灌溉系统的肥料能量化的指标有2个：

1. 水不溶物的含量（针对不同灌溉模式要求不同，滴灌希望肥料杂质越少越好，喷水带和拖管淋灌要求低些）。

2. 溶解速度（与搅拌、水温等有关，一般要求几分钟内）。

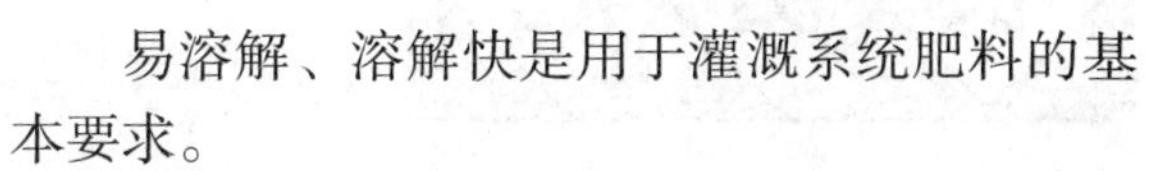

易溶解、溶解快是用于灌溉系统肥料的基本要求。

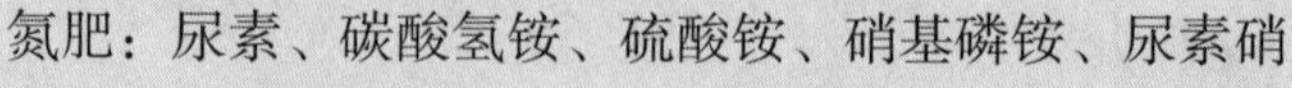

适合于灌溉系统的肥料

氮肥：尿素、碳酸氢铵、硫酸铵、硝基磷铵、尿素硝铵溶液 。
磷肥：磷酸二铵和磷酸一铵（工业级）、聚磷酸铵。
钾肥：氯化钾（白色）、水溶性硫酸钾 、硝酸钾。
复混肥：水溶性复混肥(固体和液体)。
镁肥：硫酸镁。
钙肥：硝酸铵钙、硝酸钙。
沤腐后的有机液肥：鸡粪、人畜粪尿、沼液等。
微量元素肥：硫酸锌、硼砂、硫酸锰及螯合态微量元素等。

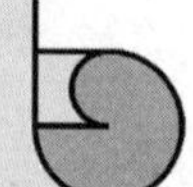

农资店

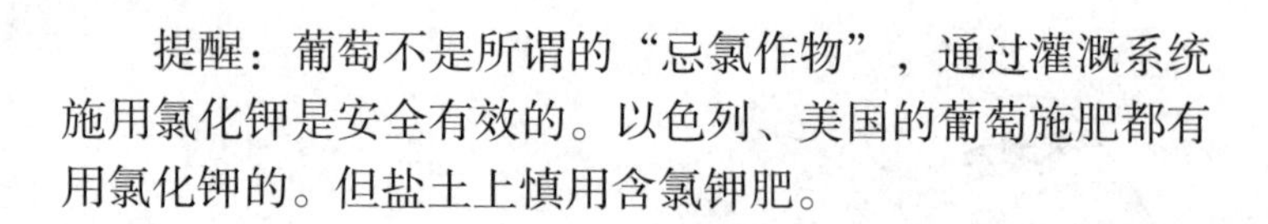

提醒：葡萄不是所谓的“忌氯作物”，通过灌溉系统施用氯化钾是安全有效的。以色列、美国的葡萄施肥都有用氯化钾的。但盐土上慎用含氯钾肥。

液体肥是灌溉施肥的好肥料。

红色氯化钾会快速堵塞过滤器，至少滴灌系统不能用。

颗粒复合肥含有杂质，一般不直接用于灌溉系统施肥。

特别提醒

各种有机肥一定要沤腐后将澄清液过滤后放入滴灌系统。有试验表明，有机肥应用于滴灌系统要进行三级过滤。分别是20目、80目和120目。

含氮、磷、钾的液体复混肥料在国外葡萄园得到广泛使用，特别是自动化施肥的葡萄园，液体肥料成为首选肥料。美国加利福尼亚州葡萄在枝蔓抽生后即开始追施液体复合肥料，配方有8-8-8、5-0-12、10-34-0和各种配方的磷酸尿素溶液（用于石灰性土壤）。主要施肥期在开花至果实发育期，每次施肥量13升/亩左右，果实开始着色后停止施肥。在整个生育期大致施氮（N）2.7～9.2千克/亩，钾（K_2O）4.5～13千克/亩。当观察到叶片缺镁时，滴灌施20%硫酸镁溶液。

国外果园的液体肥料桶

葡萄水肥一体化施肥方案的制定

目标产量法

对于葡萄而言，在一定的目标产量下需要吸收多少养分是比较清楚的，借助这些资料可计算具体目标产量下需要的氮、磷、钾总量。根据长期的调查，在水肥一体化技术条件下，氮的利用率为70%～80%，磷的利用率为40%～50%，钾的利用率为80%～90%。可计算出具体的施肥量，然后折算为具体肥料的施用量。

滴灌下葡萄的计划施肥量：

通常生产1吨葡萄浆果要带走氮约6.5千克、磷2.0千克、钾9.0千克、钙0.8千克、镁0.5千克。以目标产量每亩2吨计算，需要氮13千克、磷4千克、钾18千克。滴灌时养分利用率通常为氮80%～90%，磷50%～60%、钾80%～90%，则需要氮14.5千克、磷6.5千克、钾20千克。缺镁的土壤还要每亩补充10～15千克硫酸镁。如果了解土壤的养分数据，还要减去土壤能够提供的养分。由于各地土壤养分状况差异很大，无法提供统一的施肥方案。

1亩葡萄滴灌施肥标准（亩产2吨）

养分	千克/亩	折成肥料	千克/亩
N	15	硝酸铵磷	42
P_2O_5	6.5	磷酸一铵	18
K_2O	20	硝酸钾 氯化钾	30 10
Mg	2	硫酸镁	20
Ca	4	硝酸铵钙	15

葡萄生长过程中还要多次喷施叶面肥，补充微量元素。根据选用的肥料不同、基肥和追肥的比例不同，可以制定多个施肥方案。本方案只作参考。硫酸钾用于灌溉系统溶解太慢，不方便施用。在非盐土地区，选用部分氯化钾施用是安全的。

成龄葡萄园亩追肥计划表（目标产量：2吨/亩）

施肥次数及生育期	磷酸一铵（千克）	硝酸铵磷（千克）	硝酸钾（千克）	硝酸铵钙（千克）	硫酸镁（千克）	氯化钾（千克）
第一次　伤流期	2	3		5		
第二次　萌芽期	2	5	2			
第三次　3～4叶期	2	5	2		5	
第四次　7～8叶期	2	5	2		5	
第五次　花期	2	5	3		5	
第六次　坐果初期	2	6	3	5	5	
第七次　浆果膨大期	2	5	4	5		
第八次　浆果膨大期	2	5	4			
第九次　浆果二次膨大期	2	3	5			2
第十次　浆果着色期			5			3
第十一次　浆果着色期						5
合计	18	42	30	15	20	10

在应用水肥一体化的果园，只要保叶措施做好了，一般建议冬肥每亩施有机肥500千克左右。速效肥基本作追肥，从伤流期开始施用。部分速效肥（如农用磷酸二铵）可以作基肥，但比例不要超过20%。在以色列的葡萄园，采用滴灌施肥时基本全部是追肥。

几点注意事项：

1. 硝酸铵钙和磷酸二铵不能一起混用，以免产生沉淀堵塞滴头。如果在同一次施肥时要用到这两种肥料，要将两者分开施用。
2. 在花期用肥很关键，要根据花序的长短情况适当增加或减少氮肥的用量。
3. 除根部施肥外，叶面还需喷施微量元素，包括硼、锌、铁、锰。建议在3～4叶期到开花前使用叶面肥，小果期也可以喷施叶面肥。整个生育期3～4次即可。
4. 水肥一体化的关键点就是少量多次，并且看葡萄的长势情况，随时调整下一次施肥用量，所以果农朋友要学会在总体指导原则不变的情况下，灵活调整施肥方案。

在肥料选择上，可以选择液体配方肥、硝酸钾、硝基磷酸铵、水溶性复混肥作追肥施用。特别是液体肥料在灌溉系统中使用非常方便。以色列的葡萄园几乎全部施用液体配方肥料。缓控释肥一般作基肥施用。

总的施肥建议

1. 氮肥、钾肥、镁肥可全部通过灌溉系统施用。

2. 磷肥主要用过磷酸钙或农用磷酸二铵作基肥施用。

3. 微量元素通过叶面肥喷施。

4. 有机肥作基肥用。对于能沤腐烂的有机肥也可通过灌溉系统施用。

葡萄水肥一体化技术下的自动化管理问题

自动化控制系统

自动化控制系统一般用于面积较大的滴灌或喷灌施肥系统，自动化控制能更进一步节水、节肥、省工，提高管理效率。

根据控制系统运行的方式不同，自动化控制系统一般可分为半自动控制和全自动控制两类。

全自动控制系统不需要人直接参与，通过预先编制好的控制程序和田间传感器采集的数据，自动启闭水泵和自动按一定的轮灌顺序进行灌溉和施肥，过滤器采用自动反冲洗。管理人员只需调整控制程序和检修控制设备。

半自动控制系统

半自动控制系统在灌溉区域没有安装传感器，灌水时间、灌水量和灌溉周期等均是根据预先编制的程序，而不是根据作物和土壤水分及气象资料的反馈信息来控制的。这类系统的自动化程度不等，有的其中一部分实行自动控制，有的是几个部分进行自动控制。

水肥一体化技术下葡萄施肥应注意的问题

水肥一体化技术是现代农业种植产业发展的一项水、肥综合管理技术措施，是对传统灌溉施肥技术的革命性变革，具有显著的经济效益和社会效益。

一般而言，灌溉技术都比较容易掌握，但对于初次使用者来说，一旦将灌溉和施肥结合在一起，就有可能会遇到很多问题，比如系统堵塞问题、过量灌溉问题、养分失衡问题等，应引起高度重视。

系统堵塞问题

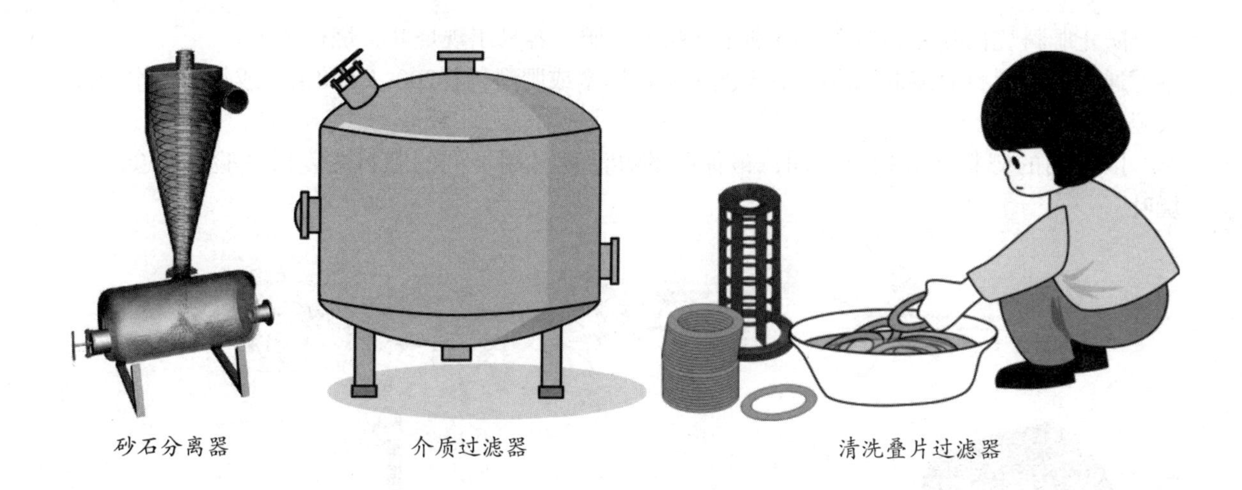

砂石分离器　　介质过滤器　　清洗叠片过滤器

如采用滴灌，过滤器是滴灌成败的关键，常用的过滤器为120目叠片过滤器。如果是取用含沙较多的井水或河水，在叠片过滤器之前还要安装砂石分离器。如果是有机物含量多的水源（如鱼塘水），建议加装介质过滤器。

在水源入口常用100目尼龙网或不锈钢网做初级过滤。过滤器要定期清洗。对于大面积的果园，建议安装自动反清洗过滤器。滴灌管尾端定期打开冲洗，一般1月1次，确保尾端滴头不被阻塞。一般滴完肥一定要滴清水20分钟左右（时间长短与轮灌区大小有关），将管道内的肥液淋洗掉。否则可能会在滴头处生长藻类青苔等低等植物，堵塞滴头。

盐害问题

防止肥料烧伤叶片和根系，特别是微喷灌施肥，容易出现烧叶、烧根现象。

通常控制肥料溶液的EC值：1~5毫西门子/厘米或肥料稀释200~1 000倍，或每立方水中加入肥料1 ~ 5千克。

因不同的肥料盐分指数不同，最保险的办法就是用不同的肥料浓度做试验，看会不会烧叶。

过量灌溉问题

特别提醒

防止过量灌溉。在旱季，每次滴灌时间控制在2～3小时。在雨季，滴灌系统只用于施肥。这时要严格控制施肥时间，一般在30分钟内要将肥施完。否则会将肥料淋洗到根层以下，肥料不起作用，导致作物表现缺肥症状。特别在山地葡萄园，根系范围小，根系浅，更容易出现这种情况。建议用硫酸铵、碳酸氢铵等不易淋失的铵态氮肥，少用或不用尿素和硝态氮肥。

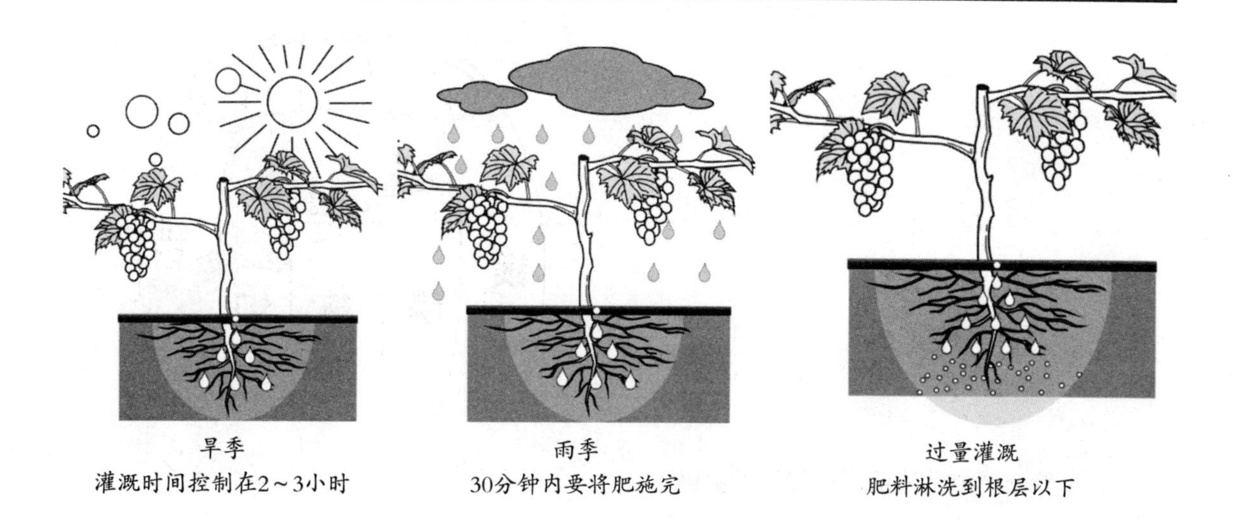

旱季
灌溉时间控制在2～3小时

雨季
30分钟内要将肥施完

过量灌溉
肥料淋洗到根层以下

养分平衡问题

特别提醒

特别在滴灌施肥条件下，根系生长密集、量大，这时对土壤的养分供应依赖性减小，更多依赖于通过滴灌提供的养分。对养分的合理比例和浓度有更高要求。

1. 如偏施尿素和铵态氮肥会影响钾、钙、镁的吸收（高氮复合肥以尿素为主）。
2. 过量施钾会影响镁、钙的吸收。

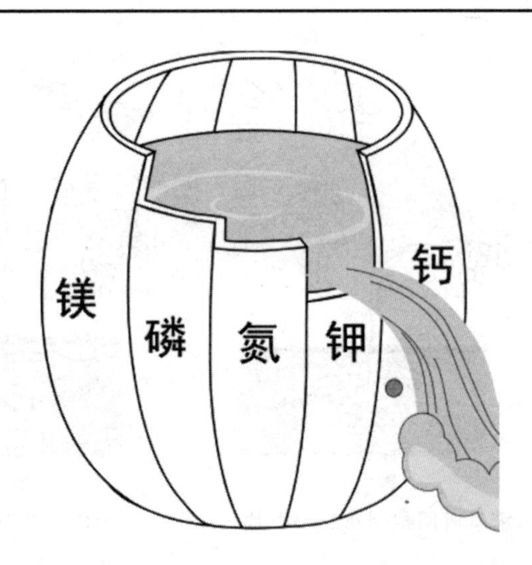

养分平衡是葡萄高产优质的关键。

灌溉及施肥均匀度问题

特别提醒

设施灌溉的基本要求是灌溉均匀，保证田间每株作物得到的水量一致。灌溉均匀了，通过灌溉系统进行的施肥才是均匀的。在田间可以快速了解灌溉系统是否均匀供水。以滴灌为例，在田间不同位置（如离水源最近和最远、管头与管尾、坡顶与坡谷等位置）选择几个滴头，用容器收集一定时间的出水量，测量体积，折算为滴头流量。

一般要求不同位置流量的差异小于10%。

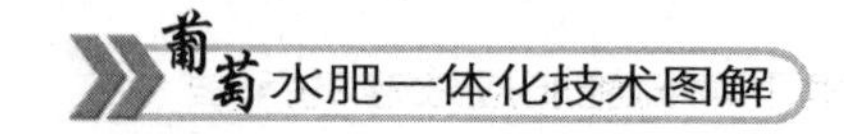

雨季养分管理问题

雨季的施肥怎么进行？还能借助灌溉系统进行施肥吗？
可以的。雨季土壤不缺水。灌溉设施主要用来施肥。这时施肥速度要快、尽可能将每次施肥时间控制在30分钟之内，在施肥结束后不再冲洗管道。南方葡萄雨季一般是高温季节，葡萄生长很快。更需多次频繁施肥。雨季施肥的核心问题是防止肥料被淋洗。建议雨季尽量少用或不用尿素、硝态氮，改用铵态氮肥。但膜下滴灌或膜下喷水带不受降雨影响。
当然，也可以在降水量适中的情况下，通过配合撒一些固体复合肥、氯化钾等来补偿葡萄所需养分。

结 束 语

对于葡萄生产而言，滴灌是最理想的灌溉模式，它可以与多种施肥模式相结合，实现各种地形条件葡萄的水肥一体化综合管理。

特别提醒

对于第一次使用水肥一体化灌溉施肥技术的用户来讲，有3条原则必须记住：

1. 将以往的施肥数量减少一半后施用。
2. 施肥时遵循“少量多次”的原则。
3. 养分平衡原则。